Eugene Williams

Aplicação da resistividade do solo para determinar a humidade do solo

Eugene Williams

Aplicação da resistividade do solo para determinar a humidade do solo

ScienciaScripts

Imprint

Any brand names and product names mentioned in this book are subject to trademark, brand or patent protection and are trademarks or registered trademarks of their respective holders. The use of brand names, product names, common names, trade names, product descriptions etc. even without a particular marking in this work is in no way to be construed to mean that such names may be regarded as unrestricted in respect of trademark and brand protection legislation and could thus be used by anyone.

Cover image: www.ingimage.com

This book is a translation from the original published under ISBN 978-613-9-89679-0.

Publisher:
Sciencia Scripts
is a trademark of
Dodo Books Indian Ocean Ltd. and OmniScriptum S.R.L publishing group

120 High Road, East Finchley, London, N2 9ED, United Kingdom
Str. Armeneasca 28/1, office 1, Chisinau MD-2012, Republic of Moldova, Europe
Printed at: see last page
ISBN: 978-620-5-70951-1

ABSTRACT

A agricultura desempenha um papel crucial na economia do Gana. Segundo Oppong-Anane (2001), a agricultura emprega cerca de 52% da força de trabalho da nação e fornece a principal fonte de alimentação, rendimento e emprego para as populações rurais. A humidade é uma das componentes mais importantes do crescimento das plantas e, consequentemente, da produção agrícola. No entanto, observa-se que muitos agricultores no Gana, tanto grandes como pequenos agricultores, não fazem uma investigação minuciosa da humidade subterrânea antes do cultivo. Isto tende a tornar a terra subutilizada, e pode não produzir um rendimento óptimo devido à falta de humidade suficiente do solo para o crescimento das plantas. O objectivo deste estudo é investigar o uso do método de resistividade geo-eléctrica na avaliação da distribuição da humidade do solo; no estudo foi utilizada uma exploração hortícola no campus de KNUST. Foram realizados testes de campo incluindo medições in-situ e gravimétricas da humidade do solo e comparadas com a distribuição da resistividade geo-eléctrica. Comparando a aparente distribuição da resistividade com a distribuição do teor de humidade, observou-se que as áreas de baixa resistividade correspondiam geralmente a um elevado teor de humidade e vice-versa. Os estudos mostraram que havia uma correlação relativamente boa entre a resistividade aparente e o teor de humidade. Pode concluir-se deste projecto que os métodos de resistividade geo-eléctrica podem ser utilizados para determinar a distribuição da humidade do solo numa secção do terreno, embora a interpretação dependa em grande parte da geologia ou do tipo de solo do terreno.

RECONHECIMENTO

A nossa maior e mais sincera gratidão vai para o Deus Todo-Poderoso, pela Sua constante graça, misericórdia e direcção divina durante todo o nosso período de quatro anos de estudo.

Em segundo lugar, o nosso sincero reconhecimento ao nosso supervisor, Dr. Bukari Ali, pela sua orientação, tolerância e crítica construtiva ao longo de todo o projecto. Ele tem sido, não apenas um supervisor, mas um pai para nós e com isto pedimos que Deus continue a derramar as Suas bênçãos sobre ele e a sua família.

Agradecemos também à nossa família de apoio pelo seu apoio financeiro, orações e conselhos em todos os aspectos do nosso curso. Aos nossos amigos e colegas cujos conselhos e sugestões conduziram o nosso projecto a um fim bem sucedido, agradecemos.

Finalmente, agradecemos também ao Sr. Albert Asare, ao Dr. F.O. Nimo e ao Sr. Fianko-Ayeh pelo seu apoio técnico.

ÍNDICE

CAPÍTULO 1

INTRODUÇÃO

O Gana tem cerca de 52% da sua população activa envolvida na agricultura (Oppong-Anane, 2001). A agricultura desempenha um papel crucial na economia do Gana, e constitui a principal fonte de alimentação, rendimento e emprego para as populações rurais. Embora os agricultores camponeses tenham uma população mais elevada do que os agricultores comerciais, ambos não parecem efectuar investigações detalhadas sobre a humidade do solo nas suas terras agrícolas antes do cultivo. Como resultado destas práticas, as terras agrícolas não produzem, na maioria das vezes, resultados óptimos. O maior rendimento agrícola pode ser alcançado sob condições óptimas de humidade durante a época de crescimento, enquanto que uma queda nas condições de humidade durante a época de crescimento pode resultar num fraco rendimento. A pobreza da massa da população rural pode ser uma consequência da baixa produtividade da população agrícola. A baixa produtividade conduz a baixos rendimentos, ou seja, pouco ou nada é deixado para poupança ou investimento após o consumo.

Embora o sistema do solo seja fundamental para o crescimento das culturas, a humidade é uma das componentes mais importantes do crescimento das plantas. A humidade no solo determina o crescimento das culturas e a produção agrícola. A germinação das sementes e o desenvolvimento das raízes depende da disponibilidade de água. O amplo armazenamento de humidade no solo também torna possível superar períodos de seca em fases críticas de crescimento e, portanto, assegurar bons rendimentos mesmo quando a precipitação é errática. Por outro lado, se a humidade do solo cair abaixo do ponto de murchidão de uma cultura, as perdas de culturas serão irrecuperáveis.

Existem várias formas de determinar a humidade do solo, tanto in-situ como em

4

laboratório. O método gravimétrico é um teste de laboratório e envolve a recolha da amostra do solo, a pesagem da amostra antes e depois da sua secagem, e o cálculo do seu teor original de humidade e o método de difusão de calor baseia-se no princípio de que a condutividade térmica de um solo varia com o seu teor de humidade. O método de absorção, que é in-situ, funciona com base no princípio de que pontos ou blocos porosos absorveriam a humidade da área adjacente quando instalados no solo. A humidade do solo é então estimada a partir da variação de peso dos pontos ou blocos. O método de penetração envolve a utilização de um instrumento chamado de availameter, empurrado para o solo e a força utilizada para empurrar o instrumento é medida e relacionada com o teor de humidade do solo. Este é também um método in-situ.

Este projecto procura fornecer aos agricultores outro método para determinar a distribuição do teor de humidade nas suas explorações agrícolas utilizando o método da resistividade geo-eléctrica. Ter uma ideia da distribuição da humidade de uma área pode ajudar os agricultores a conhecer o tipo de culturas a serem plantadas em porções específicas no campo. As culturas que exigem uma quantidade mínima de água seriam então plantadas em áreas com baixo teor de humidade e as plantas que exigem uma grande quantidade de água seriam plantadas em áreas com alto teor de humidade, considerando que a irrigação deve ser feita ao mesmo ritmo e quantidade. Além disso, os agricultores são capazes de planear bem a irrigação quando têm informação suficiente sobre a distribuição da humidade das terras agrícolas. A irrigação de um terreno agrícola pode ser mais eficaz quando os remendos do campo com baixo teor de humidade são visados e tratados durante a fase de planeamento da irrigação.

Esta investigação investiga o teor de humidade do solo de uma quinta de vegetais em KNUST, a cerca de 50 metros do edifício de Engenharia Petrolífera. O principal objectivo deste projecto é determinar a distribuição da humidade do solo de superfície próxima, utilizando métodos de resistividade. Os objectivos específicos deste projecto são determinar a distribuição da resistividade do solo de superfície próxima e também determinar a distribuição da humidade do solo de superfície próxima.

O trabalho de campo terá lugar em Janeiro devido à baixa pluviosidade registada e às suas condições meteorológicas geralmente secas. Durante a investigação, o trabalho de campo e o trabalho de laboratório serão realizados dentro da mesma hora todos os dias para evitar variações no teor de humidade devido à evaporação como resultado de variações de tempo.

CAPÍTULO 2

REVISÃO BIBLIOGRÁFICA

2.1 AGRICULTURA NO GANA

A agricultura no Gana é constituída por uma variedade de produtos agrícolas e é um sector económico estabelecido que proporciona emprego numa base formal e informal. O Gana produz uma variedade de culturas em várias zonas climáticas que vão desde a savana seca à floresta húmida e que se estende nas faixas este-oeste por todo o Gana.

De acordo com o Serviço de Estatísticas do Gana, da área total de 23,9 milhões de hectares do Gana, cerca de 57% é adequada para fins agrícolas. Declarou também que a contribuição da agricultura para o PIB ao longo dos anos tem mostrado uma redução constante de 35,4% em 2006 para 34,3% em 2007 e para 33,59% em 2008. A taxa de crescimento do sector, no entanto, não mostra qualquer tendência clara. A taxa de crescimento reduziu de 4,5% em 2006 para 4,3% em 2007 e aumentou para 5,17% em 2008.

O país está classificado em três zonas agrícolas (Juventude na Agricultura, 2013), nomeadamente

- **A zona de vegetação florestal é constituída** por partes da Região Ocidental, Oriental, Ashanti, Brong- Ahafo e Volta. Na zona florestal onde a pluviosidade é abundante, são cultivados cacau, café, óleo de palma, caju, e borracha. Os principais pontos fortes do sector incluem uma diversidade de produtos, uma bacia de drenagem bem dotada, um sistema de investigação agrícola bem estabelecido e uma relativa proximidade com o mercado europeu.

- **A zona da savana do norte** é a maior zona agrícola. A zona de vegetação de savana do norte inclui a região do Alto Oriente, Alto Oeste e Norte. A maior parte do fornecimento de arroz, painço, sorgo, inhame, tomate e algodão do país é cultivada na região. Nos últimos tempos, as explorações agrícolas comerciais

7

e de manga estão também a ganhar raízes na zona norte.

- **A savana costeira** inclui principalmente a Central, a Grande Acra e partes da Região do Volta. É notável pelo arroz, milho, mandioca, legumes, cana-de-açúcar, mangas e coco. As culturas de batata doce e de soja são viáveis nesta zona agro-ecológica, sob sistemas de agricultura de irrigação.

Os sistemas agrícolas do Gana variam com as zonas agro-ecológicas. No entanto, certas características gerais são discerníveis em todo o país. O sistema de pousio de mato prevalece onde quer que haja terra ampla para permitir que uma parcela seja suficientemente descansada para recuperar a sua fertilidade após um a três anos de cultivo. As culturas de gramíneas são muitas vezes mistas, enquanto as culturas de rendimento são geralmente monoculturas de monocultura. Na zona florestal, as culturas arbóreas são significativas, sendo o cacau, a palmeira oleaginosa, o café e a borracha de particular importância. As culturas alimentares nesta zona são principalmente misturas de milho, banana, cocoja e mandioca entre culturas. A faixa intermédia é caracterizada por culturas mistas ou de sola de milho, leguminosas, taroila ou inhame, sendo o tabaco e o algodão as culturas monetárias predominantes. O arroz é importante em todas as zonas (Oppong-Anane, 2001).

2.1.1 Uso da terra

As terras agrícolas no Gana foram medidas pela última vez em 69,88% em 2011, de acordo com o Banco Mundial (Trading Economics, 2015). As várias divisões do uso da terra no Gana de 1990 a 2010 são indicadas abaixo no Quadro 2.1. A terra agrícola refere-se à parte da área de terra que é arável, sob culturas permanentes, e sob pastagens permanentes. A terra arável inclui terra sob culturas temporárias, hortas familiares, e terra em pousio temporário. Excluem-se as terras abandonadas em resultado da mudança de cultivo. A terra sob culturas permanentes é uma terra cultivada com culturas que ocupam a terra por longos períodos e não precisam de ser replantadas após cada colheita, tais como cacau, café, e borracha. Esta categoria inclui terra sob arbustos floridos, árvores de fruto, árvores de nozes, e vinhas. As pastagens permanentes são terras utilizadas durante cinco ou mais anos para forragem.

Quadro 2.1: Uso do solo no Gana de 1990 a 2010 (Economia Comercial, 2016)

LAND USE	1990	2000	2010
Agricultural land (sq. km) in Ghana	126050	144300	N/A
Agricultural land (% of land area) in Ghana	55.4	63.4	N/A
Arable land (hectares) in Ghana	2700000	3950000	N/A
Arable land (hectares per person) in Ghana	0.2	0.2	N/A
Arable land (% of land area) in Ghana	11.9	17.4	N/A
Permanent cropland (% of land area) in Ghana	6.6	9.5	N/A
Forest area (sq. km) in Ghana	74480	60940	49400
Land area (sq. km) in Ghana	227540	227540	227540

2.1.2 Solos

A maioria dos solos no Gana são desenvolvidos em materiais de origem completamente intemperizados, com solos aluviais (Fluvisol) e solos rasos erodidos (Leptosols) comuns a todas as zonas ecológicas. Geralmente, a maioria dos solos são atormentados pela infertilidade inerente ou induzida pelo homem (Oppong-Anane, 2001).

Os solos da zona florestal estão agrupados sob Oxisols Florestais e Gleysols Ácidos Florestais. São porosos, bem drenados e geralmente argilosos e distinguem-se dos das zonas de savana pela maior acumulação de matéria orgânica na superfície resultante de uma maior acumulação de biomassa. Ocorrem em zonas subjacentes a várias rochas ígneas, metamórficas e sedimentares, que influenciaram a natureza e propriedades do solo (Oppong-Anane, 2001). Os solos das zonas de Savana, especialmente na Savana Interior, são baixos em matéria orgânica (menos de 2% no solo superior), têm altos níveis de concreções de ferro e são susceptíveis a erosão severa. Assim, áreas de montanha bem drenadas tendem a ser secas e, quando expostas a queimaduras solares graves, tendem a desenvolver uma plinthite cimentícia. Estas condições tornam imperativo que o estrume possa ser incorporado regularmente nos solos das zonas de Savana (Oppong-Anane, 2001).

2.2   A HUMIDADE DO SOLO E A SUA IMPORTÂNCIA

O teor de humidade do solo é a quantidade de água contida num solo. É expresso como uma razão que pode variar entre zero (completamente seco) e o valor da porosidade do solo à saturação. Pode ser dada numa base volumétrica ou de massa (gravimétrica) (Wikipedia, 2015).

O conteúdo volumétrico da água, θ, é definido matematicamente como:

$$\theta = \frac{v_w}{v_{wet}} \quad \dots \dots \dots \quad (1)$$

Where v_w is the volume of water, v_{wet} is the volume of wet sample.

Gravimetric water content, μ is expressed by mass (weight) as:

$$\mu = \frac{m_w}{m} \quad \dots \dots \dots \quad (2)$$

Where m_w is the mass of water and m is the mass of the dry sample.

A humidade do solo é a água que é mantida nos espaços entre as partículas do solo. A humidade superficial do solo é a água que se encontra nos 10cm superiores do solo, enquanto que a humidade do solo da zona radicular é a água que está disponível para as plantas, geralmente considerada como estando nos 200cm superiores do solo (Arnold, 1999).

A humidade do solo é uma variável chave no controlo da troca de água e energia térmica entre a superfície terrestre e a atmosfera através da evaporação e da transpiração da planta. Arnold (1999) observou que, simulações com modelos numéricos de previsão meteorológica mostraram que uma melhor caracterização da humidade da superfície do solo, vegetação e temperatura pode levar a melhorias significativas na previsão. Observou também que regiões de superfície seca ou húmida em grande escala têm um impacto positivo nos padrões de precipitação subsequentes, tais como nas condições extremas sobre os EUA durante a seca de 1988 e as cheias de 1993. A informação sobre a humidade do solo pode ser utilizada para a gestão de reservatórios, alertas precoces de seca, programação de irrigações na previsão do rendimento das culturas.

Embora o sistema do solo seja fundamental para o crescimento dos seres vivos, a água é um dos componentes mais importantes do crescimento das plantas. A humidade no solo determina o crescimento das culturas e a produção agrícola. A germinação das sementes e o desenvolvimento das raízes depende da disponibilidade de água. Um amplo armazenamento de humidade no solo também permite superar períodos de seca em fases críticas de crescimento e, portanto, garantir bons rendimentos mesmo quando a precipitação é errática. Por outro lado, se a humidade do solo cair abaixo do ponto de murchidão de uma cultura, as perdas de culturas serão irrecuperáveis.

A humidade do solo é crítica para os processos químicos do solo. Em particular, a fixação de azoto depende da disponibilidade de água no solo e, portanto, a humidade do solo pode contribuir substancialmente para a disponibilidade de nutrientes.

A humidade do solo também depende muito da natureza do próprio solo. Os solos argilosos, sedosos e arenosos têm todos diferentes capacidades para reter a humidade do solo. As argilas têm a maior "capacidade de retenção de humidade" (a capacidade do solo de se agarrar à água), enquanto que os solos arenosos têm a menor capacidade. A presença de matéria orgânica adequada melhora grandemente a capacidade de retenção de humidade do solo. Particularmente em áreas semi-áridas, a utilização de composto ou estrume orgânico faz muita diferença e pode efectivamente reduzir a necessidade de irrigação (Agricultures Network, 2015)

É importante que a água possa ser absorvida pelo solo, e não se perca como escorrimento ou evaporação. A capacidade de infiltração é a taxa máxima a que a água pode ser absorvida por um determinado solo por unidade de superfície, em determinadas condições. Os solos terão menos capacidade de infiltração e mais perdas de água se forem deixados nus e com uma superfície uniforme, particularmente em terrenos inclinados. Quanto mais rápido for o caudal, mais escorrimento ocorrerá, o que pode levar também a uma erosão acelerada. Por conseguinte, é importante aumentar a infiltração de água no solo, abrandando o seu fluxo sobre a terra, fazendo barreiras como com feixes de pedra, faixas de vegetação, muros, terraços e outras estruturas, preparando-se antes da estação chuvosa - de modo a poder absorver a chuva e o escoamento.

Outro factor a ter em conta é que ocorrerá menos infiltração se for permitido que a superfície endureça e se torne compacta. Isto acontece quando a terra é sobrepastoreada pelo gado, ou quando se utiliza maquinaria e equipamento pesado repetidamente. Alguns solos, tais como as argilas de grão fino, são particularmente susceptíveis à compactação.

A humidade do solo tem uma forte influência na produção de culturas e fá-lo através de vários meios: A humidade adequada do solo proporciona uma solução tampão e assegura a disponibilidade de água para a planta mesmo na ausência de chuva; a humidade do solo é essencial para mobilizar o transporte de nutrientes para e através da planta; e a humidade adequada do solo melhora os processos químicos do solo e ajuda a disponibilidade em particular dos macro nutrientes, o azoto.

O teor de humidade do solo é influenciado por muitos factores tais como o clima, topografia, propriedades do solo e cobertura do solo. Estes factores variam em diferentes áreas e é, portanto, responsável pela diferença no teor de humidade em diferentes áreas.

O conteúdo de humidade de uma porção de solo raramente muda ao longo do tempo. Isto porque a água se move num caminho de menor resistência, portanto, mesmo que haja precipitação após uma longa seca, porções de humidade elevada antes da seca ainda terão uma grande quantidade de água após a precipitação. Isto implica que quando a distribuição da humidade do solo de uma área é determinada, os resultados podem ser úteis durante muito tempo.

2.3.1   Método gravimétrico

O método gravimétrico envolve a recolha de amostras de solo, a pesagem da amostra antes e depois da secagem, e o cálculo do seu teor original de humidade. O método gravimétrico é o mais antigo (para além do antigo método de sentir o solo) mas continua a ser o método mais amplamente utilizado para a obtenção de dados sobre a humidade do solo. Como é a única forma directa de medir a humidade do solo, é necessário para calibrar o equipamento utilizado nos outros métodos.

A desvantagem do método gravimétrico é o tempo e o esforço necessários para obter dados. É demorado recolher as amostras, especialmente a partir de profundidades superiores a alguns metros, e secar no forno e pesar as amostras necessárias para a maioria dos projectos. Para muitos problemas, tais como o estudo da evapotranspiração por gramíneas, o procedimento de amostragem altera a área da experiência devido ao espezinhamento da vegetação ou à realização de numerosos buracos. Nestas condições, a amostragem pode ter de ser feita a partir de plataformas, e os buracos podem ter de ser enchidos e embalados de novo. Os solos são normalmente variáveis dentro de uma área experimental e, como duas amostras não podem ser colhidas do mesmo ponto; pequenas variações do teor de humidade podem ser notadas.

2.3.2   Método de Difusão de Calor

O método de difusão de calor baseia-se no princípio de que a condutividade do calor de um solo varia com o seu teor de humidade (Patten, 1909). O aumento de temperatura causado por uma fonte de calor activada electricamente (bloco poroso ou célula) instalada no solo é medido por um dispositivo sensível de medição de temperatura e está correlacionado com o teor de humidade. O solo húmido conduzirá rapidamente o calor para longe da fonte de calor na célula e terá assim um menor aumento de temperatura do que o solo seco.

As células são insatisfatórias quando utilizadas em solos com teores de humidade acima da capacidade do campo; em solos de alta retracção, perde-se o contacto íntimo entre a célula e o solo à medida que o teor de humidade diminui e obtêm-se resultados erráticos até que o limite de retracção seja atingido. O tipo de célula porobloco tem sido relatado como totalmente insatisfatório porque não foi possível obter uma correlação consistente entre a humidade do solo e as medições celulares em diferentes condições do solo.

As células de difusão de calor requerem calibração para diferentes solos e densidades, mas Shaw e Baver (1939) observaram que as concentrações de sal de 100 a 10.000 ppm não afectam as leituras. Nenhum dos tipos de células pode ser facilmente instalado a profundidades superiores a 1,5 metros ou em solo não perturbado. Estas células não receberam uma utilização generalizada e não estão actualmente disponíveis a partir de fontes comerciais.

2.3.3 Método de Absorção

Livingston e Koketsu (1920) desenvolveram pontos porosos ou blocos que absorveriam a humidade da área adjacente quando instalados no solo. A humidade do solo foi então estimada a partir da alteração de peso dos pontos ou blocos. Este método é mais qualitativo do que quantitativo e tem um erro inerente considerável; nunca foi utilizado de forma extensiva.

2.3.4 Método Tensiométrico

Um relatório de Johnson (1962) afirmava que um tensiómetro consiste num ponto poroso ou copo (geralmente de cerâmica) ligado através de um tubo a um dispositivo de medição de pressão. O sistema é enchido com água e a água no ponto ou copo entra em equilíbrio com a humidade no solo circundante. A água sai do ponto à medida que o solo seca e cria maior tensão, ou volta ao ponto à medida que o solo fica mais húmido e tem menos tensão. Estas alterações na pressão, ou tensão, são indicadas num dispositivo de medição, normalmente um manómetro de mercúrio. O tensiómetro também pode ser ligado a um registador de pressão ou a um transdutor electrónico de pressão para manter um registo contínuo das alterações de tensão. São mais úteis para medir o teor de humidade de tensões abaixo de aproximadamente 0,9atm. Tais tensões corresponderão, em média, a uma variação do teor de humidade desde ligeiramente abaixo da capacidade do campo até à saturação. Nas tensões mais elevadas encontradas nos solos mais secos, os tensiómetros tornam-se inoperantes porque o ar entra no sistema através do ponto poroso. Para determinar o teor de humidade com um tensiómetro, a relação entre a tensão de humidade e o teor de humidade deve ser conhecida. Esta relação pode ser encontrada no laboratório a partir de uma curva de tensão-humidade construída por meio de um aparelho de membrana de pressão ou placa porosa ou através da recolha de amostras de solo na área envolvente a uma instalação de tensiómetro e relacionando o teor de humidade das amostras com a leitura do tensiómetro obtida em simultâneo.

O tensiómetro é provavelmente o mais fácil de instalar e o mais rapidamente lido de todos os equipamentos de medição de humidade do solo. No entanto, actualmente, os tensiómetros não são adequados para instalação a profundidades superiores a cerca de 6 m.

2.3.5 Método de Penetração

O conteúdo de humidade pode ser estimado relacionando-o com a força necessária para empurrar um instrumento através do solo. Allyn e Work (1941) desenvolveram um instrumento a que chamaram o instrumento que media a força necessária para empurrar um par de agulhas para um núcleo do solo. O equipamento de penetração deve ser calibrado para cada tipo de solo para obter a relação entre a resistência à penetração e o teor de humidade. O método é muito rápido, embora o equipamento seja difícil de utilizar em solos de cascalho ou pedregosos. O equipamento de penetração consiste num tubo com um ponto na parte inferior e uma pega em T contendo um dispositivo indicador de pressão na parte superior. A profundidade de penetração é limitada pela quantidade de força disponível.

2.3.6 Método Radioactivo

Belcher, et al (1950) aparentemente introduziram o método radioactivo de medição da humidade do solo em 1950. Este método baseia-se no princípio de medição do abrandamento da emissão de neutrões para o solo a partir de uma fonte de neutrões rápidos. A perda de energia é muito maior nas colisões de neutrões com átomos de baixo peso atómico e é proporcional ao número de tais átomos presentes no solo. O efeito de tais colisões é mudar um nêutron rápido para um nêutron lento. O hidrogénio, que é o principal elemento de baixo peso atómico encontrado no solo, está em grande parte contido nas moléculas da água do solo. O número de neutrões lentos detectados por um tubo contador após a emissão de neutrões rápidos de um tubo de fonte radioactiva é indicado electronicamente num selador. O método radioactivo indica a quantidade de água por unidade de volume de solo.

2.3.7 O Medidor de Humidade James Trident T-90

Consiste num selador portátil alimentado por bateria com cinco contadores de década de tubos luminosos que podem acumular até 99.999 contagens, um temporizador de mola, uma sonda de humidade de profundidade com uma fonte de 5 milicurie de nêutrons rápidos de rádio 226 e berílio finamente moído (meia-vida, 1.620 anos) dentro de uma sonda de 0,4 metros de comprimento. Estes metros têm sido utilizados com até 61 metros de cabo. A maioria dos investigadores relatou uma precisão de 1 a 2 por cento em volume.

O James Trident representa um avanço na tecnologia de medição de humidade por modem. Utilizando a mais recente tecnologia de microondas e microprocessadores, o

Trident pode determinar o teor de humidade de areia, cascalho, pedra britada e outros agregados finos e grosseiros. Basta inserir os dentes da sonda no material a ser medido e instantaneamente a percentagem do teor de humidade é mostrada no visor de fácil leitura. O medidor de humidade Trident Microwave utiliza um sensor de cinco pontas para medir a constante dieléctrica complexa do material abrangido pelas quatro pontas exteriores. Como a constante dieléctrica da água é quatro a oito vezes maior do que a maioria dos agregados, as alterações no conteúdo de água afectam directamente a saída do sensor. Uma média de cinco a dez leituras é normalmente tomada para assegurar uma leitura válida. Esta saída é então convertida pelo microprocessador integrado e o teor de humidade é apresentado directamente como uma percentagem do peso seco. A unidade vem calibrada tanto para a areia como para o agregado. Também pode ser programada com até dez materiais diferentes pelo utilizador. Para maior precisão, a unidade deve ser programada para o material a ser testado. O software WIN95/WINNT de simples utilização é fornecido para calibrar a unidade para os vários materiais. Finalmente, o Trident pode armazenar mais de 150 leituras. O armazenamento está completo com a hora e data para referência futura.

2.4 RESISTIVIDADE DO SOLO

A resistividade/condutividade eléctrica de um material é uma medida da facilidade/dificuldade com que uma corrente eléctrica pode ser feita fluir através dele. Simplificando, a condutividade é a capacidade de um material conduzir electricidade quando é aplicada uma tensão, e a resistividade é a resistência oferecida por um material ao fluxo de corrente.

A resistividade do solo é uma medida de quanto o solo resiste ao fluxo de electricidade. A resistividade do solo diminui geralmente com o aumento do teor de água e a concentração de espécies iónicas. Os solos arenosos são elevados na escala de resistividade e, portanto, considerados os menos corrosivos, os solos argilosos, especialmente os contaminados com água salina, encontram-se no extremo oposto do espectro.

2.4.1 Schlumberger Array

Este é o método de sondagem mais comum na Europa e é comum nos Estados Unidos (L and R Instruments, 2015). Poupa a movimentação dos eléctrodos potenciais cada vez que os eléctrodos actuais são movimentados. Os eléctrodos estão em linha recta. Os eléctrodos exteriores são os eléctrodos de corrente e os eléctrodos interiores são os eléctrodos potenciais. Como mostrado na figura 2.5.1, os eléctrodos potenciais, geralmente designados M e N, nunca devem ser separados por mais de um quinto da separação entre os eléctrodos de corrente (Instrumentos L e R, 2015). Os eléctrodos de corrente são normalmente designados por A e B.

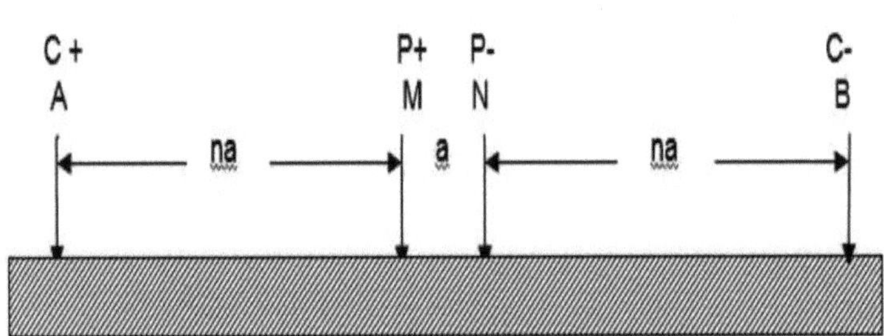

Figura 2.1: *Matriz Schlumberger*

A resistividade aparente ft_a , é dada pela seguinte fórmula onde *n* é 3,14, **AB** é a distância entre os eléctrodos de corrente, MN é a distância entre os eléctrodos potenciais e R é a resistência lida. MN também pode ser designado **a** e a distância entre um eléctrodo de corrente e o eléctrodo de potencial mais próximo designado como **na**.

$$R_a = \pi R \frac{(AB)^2-(MN)^2}{MN} \quad \text{...} (3)$$

Uma pesquisa realizada por instrumentos L e R (2015) concluiu que à medida que os eléctrodos actuais se expandem cada vez mais, a diferença potencial entre os eléctrodos potenciais fixos torna-se cada vez menor até que finalmente a relação sinal/ruído se torna visivelmente pequena. Depois, os eléctrodos potenciais são expandidos e é feita uma observação com os eléctrodos de corrente no mesmo espaçamento. Teoricamente, as resistividades aparentes devem ser as mesmas. No entanto, elas serão sempre diferentes pelo menos por uma pequena quantidade. Isto pode ser devido a não homogeneidades laterais na terra ou a uma irregularidade localizada perto de um dos eléctrodos potenciais. O levantamento é retomado com várias outras observações feitas com os eléctrodos de corrente a serem colocados em maior e maior separação. Para uma única sondagem pode haver três, quatro ou mesmo cinco separações utilizadas para os eléctrodos potenciais. Isto, por sua vez, gera três, quatro ou cinco segmentos de curva de sondagem, cada um com pelo menos um pequeno desvio em relação aos segmentos adjacentes.

2.4.2 Wenner Array

A matriz Wenner foi introduzida por Wenner em 1915 para medições da resistividade do solo. A matriz tem quatro eléctrodos Cl, Pl, P2 e C2, que são colocados em linha recta e simetricamente em torno do ponto médio de modo a que os eléctrodos estejam igualmente espaçados - isto é, a distância entre quaisquer dois eléctrodos adjacentes é a mesma e igual para dizer **a,** como mostra a figura 2.5.2

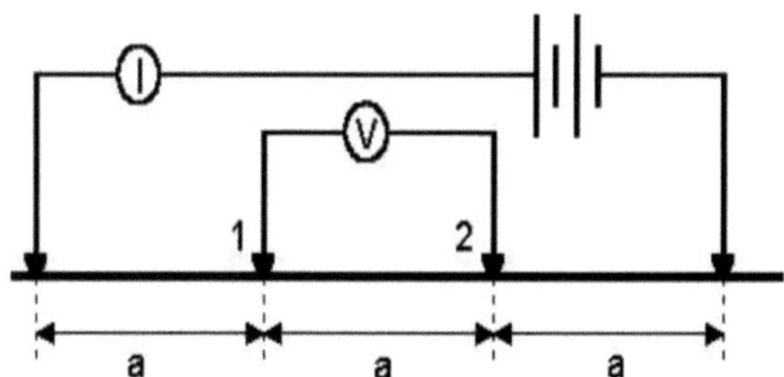

Figura.2.2: *Wenner Array*

As medições da resistividade do solo de campo são mais frequentemente realizadas utilizando os métodos de quatro pinos de Wenner e um medidor de resistência do solo. Isto deve-se à sua tolerância ao ruído ou perturbação no subsolo (Corrosion doctors, 2015). O método Wenner requer a utilização de quatro eléctrodos metálicos, conduzidos ao solo ao longo de uma linha recta equidistante uns dos outros. A resistividade do solo é uma função simples derivada da queda de tensão entre o par de pinos centrais, com corrente a fluir entre os dois pinos exteriores.

Uma corrente alternada do medidor de resistência do solo faz fluir a corrente através do solo entre os pinos Cl e C2. A tensão ou potencial é então medida entre os pinos Pl e P2. O medidor regista então uma leitura de resistência. A resistividade do solo é então calculada a partir da leitura do instrumento de acordo com a seguinte fórmula:

$$\rho = 2\pi a R \quad\quad\quad\quad\quad\quad (4)$$

Onde: p_a é a resistividade aparente do solo (Ohm-m), a é a distância entre eléctrodos (centimetros), e R é a resistência do solo (Ohms), leitura do instrumento.

Os valores de resistividade obtidos representam a resistividade média do solo a uma profundidade igual ao espaçamento dos pinos. Se a linha de pinos do solo utilizada na medição da resistividade de quatro pinos for estreitamente paralela a uma conduta subterrânea descoberta ou outra estrutura metálica, a presença do metal descoberto pode fazer com que os valores de resistividade do solo indicados sejam inferiores ao que realmente é (Corrosion doctors, 2015). Uma vez que uma parte da corrente de ensaio fluirá ao longo da estrutura metálica e não através do solo, a medição ao longo de uma linha estreitamente paralela a condutas deve ser evitada.

Ao fazer a medição da resistividade do solo ao longo da tubagem, por exemplo, é boa prática colocar a linha dos pinos perpendicular à tubagem com o pino mais próximo a pelo menos 4,5m da tubagem ou ainda mais longe, se o espaço o permitir. Os dados de resistividade do solo obtidos pelo método dos quatro pinos devem ser registados em forma de tabela por conveniência no cálculo da resistividade e na avaliação dos resultados obtidos.

As vantagens da matrizWenner são:

- O espaçamento potencial dos eléctrodos aumenta à medida que o espaçamento dos eléctrodos de corrente aumenta, portanto são necessários voltímetros menos sensíveis
- A matriz Wenner dá a maior relação sinal/ruído para investigações de superfície próxima em comparação com as matrizes Schlumbeger e Dipole-Dipole.

2.4.3 Vantagens de medir a resistividade do solo

I   É um teste não destrutivo, ou seja, não destrói a estrutura do solo in-situ.

II   A investigação cobre grandes áreas num curto espaço de tempo, em comparação com os outros métodos.

III   São evitados erros resultantes da amostragem do solo e do seu transporte.

IV   É menos caro e menos demorado em comparação com outros métodos, tais como os métodos radioactivos e tensiométricos.

CAPÍTULO 3

TRABALHO DE CAMPO E DE LABORATÓRIO

O estudo foi realizado no campus da Universidade de Ciência e Tecnologia de Kwame Nkrumah em Kumasi, por trás do Edifício Petrolífero da Faculdade de Engenharia, como mostra a Figura 3.1. O local foi seleccionado porque tinha uma topografia suavemente inclinada e suspeitávamos de variação da humidade do solo devido ao declive do declive. As considerações de acessibilidade foram tidas em conta na selecção da área de estudo. Também o local escolhido foi próximo do laboratório geotécnico, o que facilitou o transporte das amostras de solo e evitou a perda significativa de humidade das amostras de solo. Além disso, a dimensão do terreno foi também considerada na selecção do local de modo a acomodar o número planeado de linhas e estações transversais. O terreno foi limpo de todas as ervas daninhas e vegetação, uma vez que se tratava de uma quinta de vegetais.

Figura 3.1: Localização da área de estudo

3.1 METODOLOGIA

Foi realizado um estudo documental para planear o trabalho de modo a obter os melhores valores e também minimizar o risco de encontrar condições de campo invisíveis que podem aumentar os custos e também causar atrasos no programa. Todas as informações relevantes para a compreensão desta investigação foram obtidas através de estudo documental, revendo literaturas e relatórios existentes. Foram seleccionadas sete linhas transversais nas terras agrícolas onde cada linha transversal se encontrava entre duas camas erguidas. Cada uma A linha transversal tinha 10 estações que estavam 5m afastadas e a distância entre cada linha transversal era também de 5m, como mostra a Figura 3.2. As linhas transversais corriam norte-sul numa direcção paralela à direcção da encosta. As coordenadas dos quatro cantos da grelha foram tomadas para referenciamento e fácil identificação e localização dos pontos de dados.

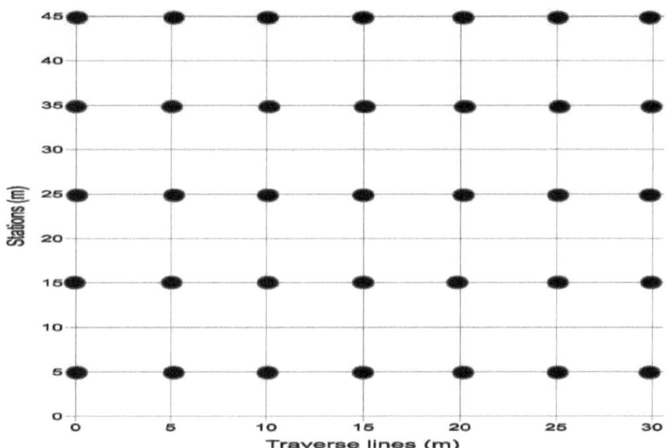

Figura 3.2: Grelha da área de estudo em estações e linhas transversais

3.1.1 Medição da Resistividade do Solo

Foi realizado um inquérito de resistividade para determinar a aparente resistividade do solo em todos os nós da grelha na terra agrícola. A corrente foi passada através dos dois eléctrodos exteriores e a resistência usando o medidor de resistividade em Mini-Resistividade foi medida através dos dois eléctrodos interiores, como mostra a Figura 3.3. Foi utilizado o Wenner Array, pelo que a profundidade da investigação foi assumida como sendo metade da dispersão da corrente do eléctrodo. A sondagem eléctrica vertical (VES) foi realizada em cada estação a uma profundidade de 30cm, 60cm e 90cm.

Figura 3.3: Quatro eléctrodos com espaçamento igual inseridos no solo

3.1.2 Determinação do conteúdo de humidade

- Levantamento do Conteúdo de Humidade In-Situ

O Medidor de Humidade James Trident T-90 foi utilizado para determinar o teor de humidade in-situ em nós alternativos em cada linha transversal. Este instrumento pode determinar o teor de humidade da areia, cascalho, pedra britada e outro agregado fino e grosseiro. O instrumento foi calibrado para determinar o teor de humidade da areia. Foi escavado um buraco Im e os dentes da sonda foram inseridos na lateral do buraco a profundidades de 30cm, 60cm e 90cm e a percentagem do teor de humidade foi mostrada no visor de fácil leitura instantânea.

- Método gravimétrico

As amostras foram retiradas do buraco Im também em nós alternados em cada linha transversal a 30cm, 60cm e 90cm de profundidade. As amostras foram seladas hermeticamente e ensacadas em sacos duplos para evitar a perda de humidade. As amostras foram etiquetadas e transferidas para o laboratório após a recolha.

3.1.3 Trabalho de laboratório

O teste para determinar o teor de humidade gravimétrica do solo foi feito de acordo com a B.S 1377:1975, como tal as amostras de solo foram seladas hermeticamente e levadas para o laboratório a partir do buraco Im a profundidades de 30cm, 60cm e 90cm. A massa dos recipientes foi pesada, após o que as amostras foram vertidas nos recipientes. A massa das amostras e dos recipientes foi pesada e seca no forno durante 24 horas a uma temperatura de 105°C. A massa das amostras secas e dos recipientes foi pesada e o teor de humidade foi calculado como uma percentagem do peso da amostra seca, como mostra a figura 3.4.

Figura 3.4: Aluno a medir amostras húmidas no laboratório

3.2 PROCESSAMENTO DE DADOS

3.2.3 Cálculo da resistividade

O medidor de resistividade em mini-resistividade que foi utilizado para o trabalho de campo apenas lê valores de resistência. Portanto, há necessidade de calcular os valores de resistividade aparente que serão utilizados para a nossa análise, e isto foi feito com a ajuda do Microsoft Excel. A resistividade aparente, p_a , para Wenner Array é definida matematicamente como:

$$\rho_a = RK \dots\dots\dots\dots\dots(5)$$

Onde:
K=2лa
a é o espaçamento inter-electrodo

R é a resistência registada

A profundidade de investigação para cada estação é metade da extensão total do eléctrodo e a partir daí o **a** pode ser calculado dividindo a extensão total do eléctrodo por 3. Um exemplo típico de como os valores de resistividade aparente foram calculados é mostrado na Tabela 3.1.

Quadro 3.1: Cálculo dos valores de resistência aparente

Community:	KNUST				Traverse Line No.	30 m
Array	Wenner				Grid Reference:	
Measured by:	Eugene Williams				Date:	18-Jan-16
	K_{30}	1.256	K_{60}	2.512	K_{90}	3.768
STATION	R_{30}	ρ_{30}	R_{60}	ρ_{60}	R_{90}	ρ_{90}
35	347.8	436.84	180.1	452.41	164.4	619.46
40	267.1	335.48	192.4	483.31	176.2	663.92
45	312.9	393.0	267.9	672.96	213.9	805.98
50	676.7	849.94	388.6	976.16	333.8	1257.76
55	632.5	794.42	559.5	1405.46	513	1932.98
60	1501	1885.26	1021.5	2566.00	719.9	2712.58
65	748.1	939.61	601.01	1509.74	451.6	1701.63
70	344.5	432.69	152.6	383.33	117.5	442.74
75	60.5	75.99	67.5	169.56	59.7	224.95
80	53.2	66.82	33.4	83.90s	23.3	87.79

3.3.1 Cálculo do teor de humidade

O medidor de humidade T-90 dá uma leitura instantânea dos valores do teor de humidade quando os dentes são inseridos no solo, pelo que não foram aí envolvidos cálculos. O medidor de humidade foi calibrado para recolher valores para a areia, uma vez que a areia tem partículas de dimensão semelhante à do solo na nossa área de estudo.

Os cálculos para o teor de humidade gravimétrica foram feitos com a ajuda do Microsoft Excel usando a fórmula:

$$\mu = \frac{m_w}{m} \times 100\% \dots\dots\dots\dots\dots\dots\dots\dots\dots\dots\dots\dots\dots\dots\dots\dots\dots(6)$$

Where:

μ is the moisture content

m_w is the mass of water

m is the mass of dry sample

Quadro 3.2: Um exemplo de como o teor de humidade foi calculado utilizando o método gravimétrico

<table>
<tr><td>Community:</td><td colspan="3">KNUST</td><td colspan="2">Traverse Line No.</td><td colspan="2">0m</td></tr>
<tr><td>Measured by:</td><td colspan="3">George Lord Ephraim</td><td>Date:</td><td colspan="3">7-Jan-16</td></tr>
<tr><td>Sample No</td><td>Depth(m)</td><td>Container and Wet Sample (g)</td><td>Container and Dry Sample (g)</td><td>Mass of wet sample(g)</td><td>Mass of Dry Samples(g)</td><td>Mass of Water(g)</td><td>Moisture content (%)</td></tr>
<tr><td>A35</td><td>0.3</td><td>123.16</td><td>120.09</td><td>97.48</td><td>94.41</td><td>3.07</td><td>3.25</td></tr>
<tr><td>A35</td><td>0.6</td><td>164.74</td><td>158.68</td><td>139.02</td><td>132.96</td><td>6.06</td><td>4.56</td></tr>
<tr><td>A35</td><td>0.9</td><td>N/A</td><td>N/A</td><td>N/A</td><td>N/A</td><td>N/A</td><td>N/A</td></tr>
<tr><td>A45</td><td>0.3</td><td>182.88</td><td>175.48</td><td>157.59</td><td>150.19</td><td>7.4</td><td>4.93</td></tr>
<tr><td>A45</td><td>0.6</td><td>172.64</td><td>166.09</td><td>147.28</td><td>140.73</td><td>6.55</td><td>4.65</td></tr>
<tr><td>A45</td><td>0.9</td><td>213.56</td><td>205.96</td><td>188.21</td><td>180.61</td><td>7.6</td><td>4.21</td></tr>
<tr><td>A55</td><td>0.3</td><td>204.01</td><td>195.88</td><td>178.74</td><td>170.61</td><td>8.13</td><td>4.77</td></tr>
<tr><td>A55</td><td>0.6</td><td>180.82</td><td>171.05</td><td>155.62</td><td>145.85</td><td>9.77</td><td>6.70</td></tr>
<tr><td>A55</td><td>0.9</td><td>215.14</td><td>205.75</td><td>189.91</td><td>180.52</td><td>9.39</td><td>5.20</td></tr>
<tr><td>A65</td><td>0.3</td><td>171.37</td><td>160.81</td><td>145.7</td><td>135.14</td><td>10.56</td><td>7.81</td></tr>
<tr><td>A65</td><td>0.6</td><td>237.01</td><td>219.21</td><td>211.1</td><td>193.3</td><td>17.8</td><td>9.21</td></tr>
<tr><td>A65</td><td>0.9</td><td>272.83</td><td>246.4</td><td>247.2</td><td>220.77</td><td>26.43</td><td>11.97</td></tr>
<tr><td>A75</td><td>0.3</td><td>195.19</td><td>182</td><td>169.71</td><td>156.52</td><td>13.19</td><td>8.43</td></tr>
<tr><td>A75</td><td>0.6</td><td>275.48</td><td>232.01</td><td>249.43</td><td>205.96</td><td>43.47</td><td>21.11</td></tr>
<tr><td>A75</td><td>0.9</td><td>358.17</td><td>281.97</td><td>335.46</td><td>259.26</td><td>76.2</td><td>29.39</td></tr>
</table>

CAPÍTULO 4

RESULTADOS E DISCUSSÃO

A resistência do solo e o espaçamento dos eléctrodos foram registados no campo e a resistividade aparente (o_a) para cada estação foi calculada. O teor de humidade do solo foi medido in-situ usando o medidor de humidade T-90 e pelo método gravimétrico quando as amostras de solo foram levadas para o laboratório. Com base nas comparações entre a distribuição da resistividade aparente e a distribuição da humidade para as várias profundidades (30, 60 e 90cm), a interpretação das nossas conclusões é apresentada nas secções abaixo.

4.1   TEOR DE HUMIDADE GRAVIMÉTRICO E IN-SITU

Foram utilizados dois métodos diferentes para determinar o teor de humidade do solo:

I   O teor de humidade in-situ foi determinado com o medidor de humidade T-90

II   O método gravimétrico.

Foi traçado um gráfico do teor de humidade determinado no laboratório contra o teor de humidade in-situ que pode ser utilizado para calibrar a sonda. Foi traçada uma linha de melhor ajuste para verificar se existia uma correlação entre os dois métodos de determinação do teor de humidade.

A partir da Figura 4.1 observa-se que a sonda deu valores de teor de humidade mais baixos em comparação com o método gravimétrico e também, a Equação 7 foi derivada da parcela e esta é a equação utilizada para a calibração da sonda.

$$y = 0.6883x + 3.8488 \ (R^2 = 0.7064) \ \dots\dots\dots\dots (7)$$

Onde y é o teor de humidade determinado no laboratório e x é o teor de humidade in-situ tal como determinado com a sonda.

O gráfico tem um valor R^2 de 0,7064 que pode ser aceitável para fins de trabalho de campo. Durante o trabalho de campo, as amostras de solo foram ensacadas duas vezes e colocadas debaixo de uma árvore e enviadas para o laboratório para testes dentro de uma hora após a amostragem.

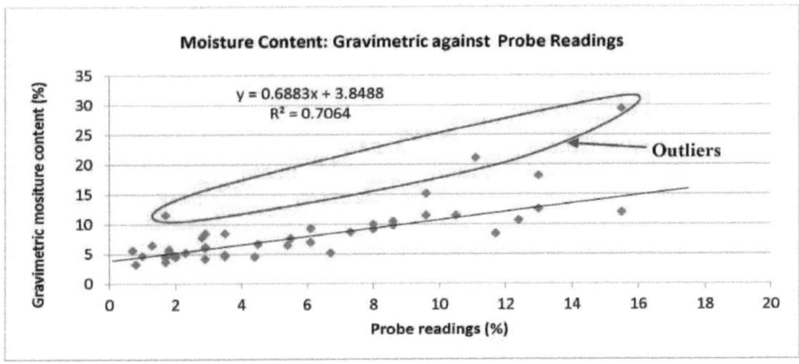

Figura 4.1: Comparação entre os métodos gravimétricos e de sonda do teor de humidade

medição

Estas medidas meticulosas foram tomadas a fim de reduzir a perda de humidade do solo das amostras antes de serem testadas e, por isso, a diferença nos valores do teor de humidade usando os dois métodos de determinação poderia ser resultado de erros na utilização do medidor de humidade T-90. O medidor de humidade T-90 vem predefinido para areia, cascalho, pedra britada e outro agregado fino e grosseiro. A sonda é preparada para efectuar leituras em areia porque o seu tamanho de partícula é semelhante ao do solo na área de estudo. Isto implica que podem ter sido registados resultados imprecisos onde a dimensão das partículas do solo era menor ou maior do que a areia, também a não homogeneidade ou não uniformidade do solo com profundidade na área de estudo pode também resultar na imprecisão do medidor de humidade T-90.

4.2 DISTRIBUIÇÃO DA HUMIDADE E DA RESISTIVIDADE APARENTE

Assumiu-se que, na altura do nosso estudo, a litologia da área de estudo era homogénea, pelo que todas as variações no interior do solo resultaram de alterações no conteúdo de água do solo. A gama de valores de resistividade aparente medida situava-se entre 150 e 1600 Q-m, enquanto que os valores do teor de humidade se situavam entre 4 e 20%.

As figuras 4.2 e 4.3 respectivamente mostram a distribuição espacial da resistividade e do teor de humidade a 30cm. O ponto Al mostra elevados valores de resistividade aparente, aumentando de 800 para 1800Q-m. Isto mostra uma queda correspondente dos valores do teor de humidade (de 6,5 para 4%) no ponto A2. Há também um aumento do teor de humidade entre a linha transversal 10m e a linha transversal 20m, o que corresponde à redução da resistividade aparente do solo entre a linha transversal 10 e a linha transversal 20m. Esta observação satisfaz o princípio geral de que a alta resistividade corresponde a um baixo teor de humidade, tal como explicado na literatura. Esta alta resistividade aparente é observada entre as estações 20 a 35m enquanto que o baixo teor de humidade foi observado entre as estações 0 a 30m.

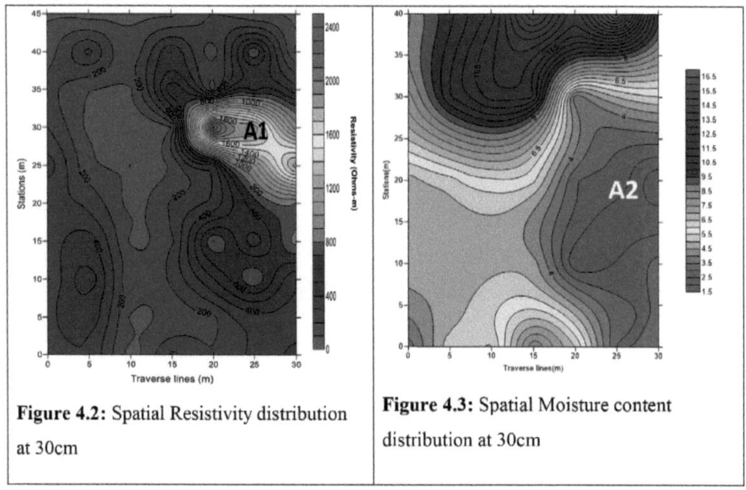

Figure 4.2: Spatial Resistivity distribution at 30cm

Figure 4.3: Spatial Moisture content distribution at 30cm

Figura 4.2: Distribuição da resistividade espacial a 30cm **Figura 4.3:** Distribuição do conteúdo de humidade espacial a 30cm

Pode-se observar a partir dos pontos B1 e B2 nas Figuras 4.4 e 4.5 respectivamente que os baixos valores de resistividade (200 Q-m) correspondem a um baixo teor de humidade (5%). Esta observação pode ser resultado do aumento do teor de argila ou concentração de sal, o que reduz os valores de resistividade da área sem afectar o teor de humidade, mas como não foi efectuado nenhum teste de classificação do solo nas amostras de solo, não podemos ter a certeza desta interpretação. A Figura 4.4 também mostra que houve um aumento na extensão da área de alta resistividade da estação 20 para a estação 35m na Figura 4.2 para a estação 10 para 35m na Figura 4.4, mas não é assim quando se compara as áreas de baixo teor de humidade como o baixo teor de humidade reduzido da estação 30 para a estação 0m na Figura 4.3 para a estação 25 para 0m na Figura 4.5. Esta redução na extensão das áreas de baixo teor de humidade pode ser resultado do aumento da profundidade à medida que os pontos de dados se aproximam do lençol freático. Os altos valores de resistividade aparente no ponto Al são aumentados em extensão na Figura 4.4 com a redução de

a extensão da área com baixo teor de humidade do solo e isto pode ser resultado da não homogeneidade do solo na área de estudo com profundidade.

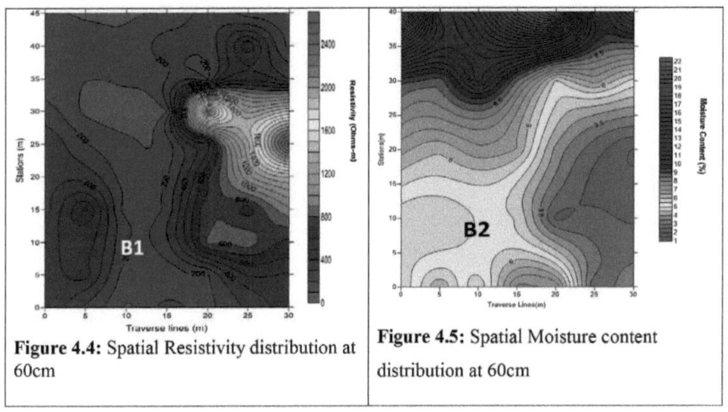

Figure 4.4: Spatial Resistivity distribution at 60cm

Figure 4.5: Spatial Moisture content distribution at 60cm

Figura 4.4: Distribuição da Resistividade Espacial a 60cm **Figura 4.5:** Distribuição do conteúdo de humidade espacial a 60cm

Os pontos de dados de humidade foram tomados em estações alternadas em cada linha transversal, enquanto os pontos de dados de resistividade foram tomados em cada estação em cada linha transversal. Isto implica que foram obtidos mais pontos de dados de resistividade, proporcionando assim uma melhor distribuição espacial do que o teor de humidade. Isto pode ser observado comparando os pontos Cl e C2 na Figura 4.6 com o ponto D na Figura 4.7. Cl e C2 mostram dois valores distintos de resistividade, mas no ponto D, os valores do teor de humidade são constantes desde a linha transversal 0m até à linha transversal 30m e isto pode ser explicado pela diferença no número de pontos de dados de resistividade e de teor de humidade.

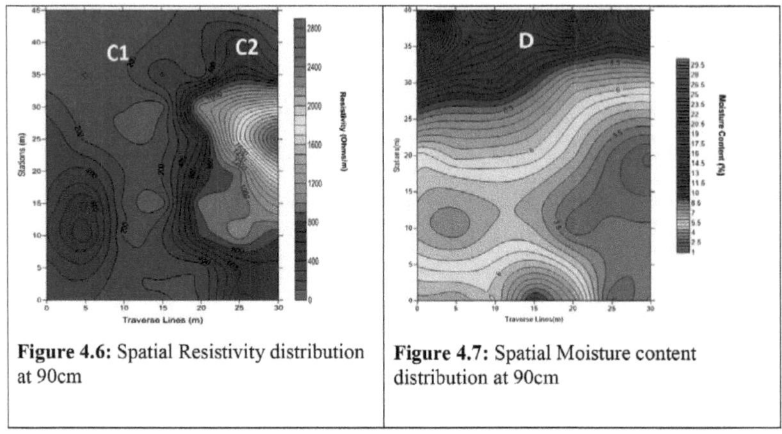

Figure 4.6: Spatial Resistivity distribution at 90cm	Figure 4.7: Spatial Moisture content distribution at 90cm

Figura 4.6: Distribuição da resistividade espacial a 90cm **Figura 4.7:** Distribuição do conteúdo de humidade espacial a 90cm

4.3 VARIAÇÃO DO TEOR DE HUMIDADE COM PROFUNDIDADE

Os dados da resistividade aparente e do teor de humidade foram obtidos a três profundidades diferentes e os resultados deste inquérito foram utilizados para gerar a distribuição espacial da resistividade aparente e do teor de humidade do solo. Uma vez que apenas três profundidades foram investigadas e plotadas, os contornos gerados não são demasiado representativos da variação do teor de humidade e da resistividade aparente com a profundidade, embora não se espere que a resistividade aparente varie tanto dentro do primeiro 1m. As figuras 4.8 e 4.9 respectivamente mostram como o teor de humidade e a resistividade aparente variam com o aumento da profundidade. A figura 4.8 mostra uma tendência mais clara onde o teor de humidade permanece bastante constante com o aumento da profundidade, embora a variação da resistividade aparente com a profundidade não mostre qualquer tendência clara. A Figura 4.9 mostra valores de resistividade aparente aumentando com a profundidade, com áreas anómalas de alta e baixa resistividade nos pontos M e N.

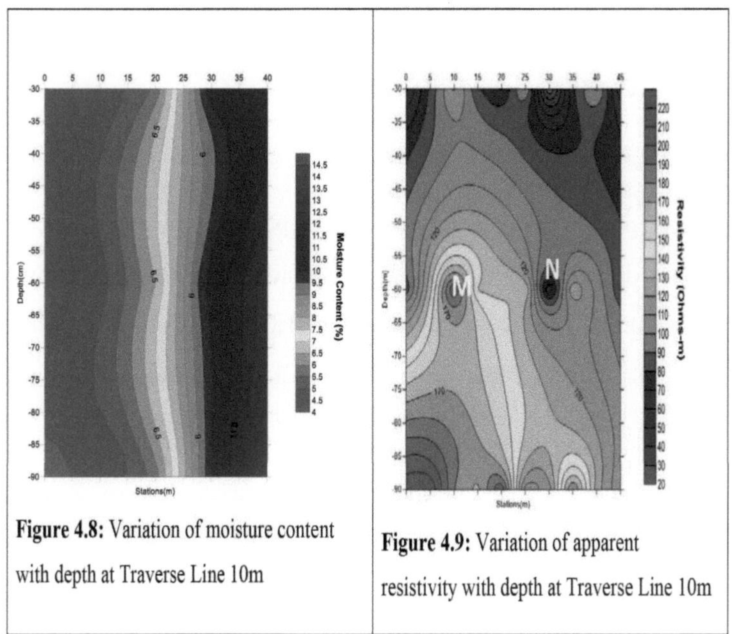

Figura 4.8: Variação do teor de humidade com profundidade na Linha Travessia 10m **Figura 4.9:** Variação da resistividade aparente com profundidade na Linha Travessia 10m

33

CAPÍTULO 5

CONCLUSÃO E RECOMENDAÇÃO

5.1 CONCLUSÃO

Foi utilizado um método de resistividade geo-eléctrica para mapear a distribuição da resistividade aparente da área de estudo e o teor de humidade da área foi determinado utilizando o método gravimétrico e o medidor de humidade T-90. Esta informação foi utilizada para obter uma relação entre a resistividade aparente e o teor de humidade.

Comparando a aparente distribuição da resistividade com a distribuição do teor de humidade, observou-se que, para além de uma pequena parcela do terreno, as áreas de baixa resistividade correspondiam a um elevado teor de humidade e vice-versa. Isto confirma o princípio geral de que as medições de baixa resistividade aparente correspondem a um elevado teor de humidade.

Pode concluir-se deste projecto que, os métodos de resistividade geo-eléctrica podem ser utilizados para determinar a distribuição da humidade do solo numa secção do terreno, embora a interpretação dependa em grande parte da geologia do terreno.

Também uma equação foi derivada de um gráfico do teor de humidade usando o método gravimétrico contra o teor de humidade usando o medidor de humidade T-90. Esta equação estabelece uma relação entre os dois métodos de determinação do teor de humidade e é isto que é usado para a calibração do medidor de humidade T-90.

5.2 RECOMENDAÇÃO

Recomenda-se a realização de mais estudos ou investigações sobre a utilização do medidor de humidade T- 90, uma vez que houve erros na sua precisão quando o instrumento foi utilizado para determinar o teor de humidade de um solo heterogéneo.

Além disso, devem ser efectuados testes de classificação do solo nos solos amostrados para determinar a distribuição granulométrica dos solos. Isto dará mais informações sobre o tipo de solo encontrado, ajudando assim na utilização do medidor de humidade T-90.

Em terceiro lugar, como a realização de um teste mineralógico em amostras de solo é dispendiosa, o teste Limite Atterberg também pode ser realizado no solo para determinar se o solo é argiloso ou não.

REFERÊNCIAS

Rede de Agricultores, (2015). Importância da Humidade do Solo. www.Agricultersnetwork.Org/Resources/Learning/Mod2-Online/Learning-Block-1/1.3/1.3.1, Acesso em 14/12/2015.

Allyn, R. B., and Work, R. A., (1941), The Availameter and its Use in Soil Moisture Control, Pt. 1, The Instrument And Its Use: Soil Sci., V. 51, p. 307-319.

Arnold James E., (1999). Humidade do solo. http://wwwghcc.Msfc.Nasa.Gov/Landprocess/Lp Home.Html Acesso em 14/12/2015

Corrosion Doctors (2015). Cce 281 Corrosão; Impacto, Princípios, e Soluções Práticas. Corrosion-Doctors.Org/Principles/Courses.html.   Accessed On 15/11/2015.

James Instrument Inc., (2012). O Medidor de Humidade James Trident T-90. www.Ndtiames.Com/V/Vspfiles/Downloadables/Trident_Complete_Data. Acedido em 14/12/2015

Johnson, A. I. (1962). Métodos de Medição da Humidade do Solo no Campo. Geological Survey Water Supply, Paper 1619- U; (U-2-2-14)

Instrumentos L e R (2015). Medidores de resistividade. www.landrinstruments.com/Home/Ultra- Minires/Additional-Information-1/Schlumberger-Soundings. Acedido em 15/11/2015.

Livingston, B. E., e Koketsu, Riichiro, (1920), The Water-Supplying Power of the Soil as Related to the Wilting Of Plants: Soil Sci., V. 9, p. 469-485.

Oppong-Anane, D. K. (2001), Ghana- Organização das Nações Unidas para a Alimentação e Agricultura www.fao.org:www.fao.org/ag/agp/agpc/doc/counprof/ghana/Ghana.html Acesso em 02/05/2016

Shaw, B. T., e Baver, L. D., (1939), An Electrothermal Method for Following Moisture Changes of the Soil In Situ: Soil Science Soc. America Proc., V. 4, p. 78-83.

Trading Economics, (2016); Agricultural Land in Ghana. http://Www.Tradingeconomics.Com/Ghana/Agricultural-Land-Percent-Of-Land-Area- Wb-Data.Html. Acedido em 16/01/2016

Wikipedia.com. Resistividade do solo. Https://En.Wikipedia.Org/Wiki/Soil_Resistividade do Solo. Acesso em 14/12/2015

Juventude na Agricultura (2013), Ghana Country Brief on Agriculture, www.agricinghana.com/tag/ghana-countrv-brief-on-agriculture/ f\ Accessed on 9/05/2016

APÊNDICE

Apêndice A2

Quadro A2.1: Tipos de solo e sua aparente resistividade do solo

Soil Type	Soil Apparent resistivity (Ohm-m)
Moist humus soil	30
Farmland loamy and clay soils	100
Sandy clay soil	150
Moist sandy soil	300
Moist gravel	500
Dry sandy or gravel soil	1000
Rocky ground	30000

Apêndice A4

Tabela A4.1: Cálculo da resistividade aparente para a linha transversal Om

Community:	KNUST		Traverse Line No.	0m			
Array	Wenner		Grid Reference:				
Measured by:	Temiloluwa Faith Awotoye		Date:	7-Jan-16			
	K_{30}	1.256	K_{60}	2.512		K_{90}	3.768
STATION	R_{30}	ρ_{30}	R_{60}	ρ_{60}		R_{90}	ρ_{90}
35	262.8	330.08	186.2	467.73		96.3	362.86
40	291.2	365.75	174.1	437.34		92.1	347.03
45	228.4	286.87	171.3	430.31		129.9	489.46
50	272.7	342.51	139.4	350.17		102.4	385.84
55	243.2	305.46	131.9	331.33		89.1	335.73
60	371.2	466.28	157.8	396.39		105.3	396.77
65	242.1	304.08	101.3	254.47		75.1	282.98
70	173.9	218.42	52.4	131.63		36.9	139.04
75	119.2	149.72	63.7	160.01		51.4	193.68
80	59.1	74.23	45	113.04		45	169.56

Tabela A4.2: Cálculo da resistividade aparente para a linha transversal 5m

Community:	KNUST		Traverse Line No.	5m			
Array	Wenner		Grid Reference:				
Measured by:	Temiloluwa Faith Awotoye		Date:	8-Jan-16			
	K_{30}	1.256	K_{60}	2.512		K_{90}	3.768
STATION	R_{30}	ρ_{30}	R_{60}	ρ_{60}		R_{90}	ρ_{90}
35	311.2	390.86	112.1	281.60		84.2	317.27
40	390.8	490.84	218.6	549.12		127.8	481.55
45	461.4	579.52	224.3	563.44		211.4	796.56
50	373.5	469.12	290.3	729.23		191.9	723.08
55	220.6	277.07	145.6	365.75		113.6	428.04
60	97	121.83	82.2	206.49		48.7	183.50
65	57	71.59	30.4	76.36		32.7	123.21
70	83.3	104.62	40.9	102.74		25.4	95.71
75	351.9	441.99	64.3	161.52		46.8	176.34
80	38.4	48.23	33.4	83.90		28.1	105.88

Tabela A4.3: Cálculo da resistividade aparente para a linha transversal 10m

Community:	KNUST		Traverse Line No.	10m			
Array	Wenner		Grid Reference:				
Measured by:	Eugene Williams		Date:	18-Jan-16			
	K_{30}	1.256	K_{60}	2.512		K_{90}	3.768
STATION	R_{30}	ρ_{30}	R_{60}	ρ_{60}		R_{90}	ρ_{90}
35	38.3	48.10	33.2	83.4		57.4	216.28
40	65.9	82.77	54.4	136.65		58.1	218.92
45	89.2	112.04	80.1	201.21		47.8	180.11
50	64.9	81.51	55.4	139.16		44.4	167.3
55	54.6	68.58	54.5	136.90		53.1	200.08
60	80.8	101.48	55.8	140.17		27.7	104.37
65	15.9	19.97	23.7	59.53		30.3	114.17
70	62.3	78.25	51.1	128.36		48.7	183.50
75	81.7	102.62	42.5	106.76		33.2	125.1
80	41.6	52.25	33.2	83.4		27	101.74

Tabela A4.4: Cálculo da resistividade aparente para a linha transversal 15m

Community:	KNUST		Traverse Line No.	15m			
Array	Wenner		Grid Reference:				
Measured by:	Temiloluwa Faith Awotoye		Date:	11-Jan-16			
	K_{30}	1.256	K_{60}	2.512		K_{90}	3.768
STATION	R_{30}	ρ_{30}	R_{60}	ρ_{60}		R_{90}	ρ_{90}
35	261.1	327.94	100.3	251.95		56.8	214.02
40	103.5	130	46.6	117.06		61.5	231.73
45	182.9	229.72	111.4	279.84		80.7	304.08
50	141.4	177.6	90.6	227.59		10.3	38.81
55	176.8	222.06	76.1	191.16		55.6	209.50
60	93.3	117.18	58.1	145.95		36.6	137.91
65	78.6	98.72	36.7	92.19		11.5	43.33
70	553.1	694.69	80	200.96		110.8	417.49
75	399.6	501.9	112	281.34		61.8	232.86
80	59.3	74.48	45.4	114.04		40	150.72

Quadro A 4.5: Cálculo da resistividade aparente para a linha transversal 20m

Community:	KNUST		Traverse Line No.	20m
Array	Wenner		Grid Reference:	
Measured by:	Eugene Williams		Date:	12-Jan-16

STATION	K_{30}	1.256		K_{60}	2.512		K_{90}	3.768
	R_{30}	ρ_{30}		R_{60}	ρ_{60}		R_{90}	ρ_{90}
35	158.4	198.95		70	175.84		54.3	204.60
40	143.4	180.11		76.3	191.67		56.9	214.4
45	394.2	495.12		329.1	826.7		219.9	828.58
50	641.2	805.35		317.4	797.31		262.4	988.72
55	260	326.56		275.6	692.31		193.4	728.73
60	271.1	340.50		180.9	454.42		138.2	520.74
65	1872.3	2351.61		872.1	2190.72		305.1	1149.62
70	126.6	159.01		73.1	183.63		56.5	212.89
75	115.1	144.57		89.7	225.33		76.5	288.25
80	163.9	205.86		97.8	245.67		73.3	276.19

Tabela A 4.6: Cálculo da resistividade aparente para a linha transversal 25m

Community:	KNUST		Traverse Line No.	25m
Array	Wenner		Grid Reference:	
Measured by:	Eugene Williams		Date:	14-Jan-16

STATION	K_{30}	1.256		K_{60}	2.512		K_{90}	3.768
	R_{30}	ρ_{30}		R_{60}	ρ_{60}		R_{90}	ρ_{90}
35	265	332.84		127.9	321.28		199.5	751.72
40	284.9	357.83		204.2	512.95		161.2	607.40
45	637.6	800.83		344.9	866.39		283.7	1068.98
50	341.7	429.18		254.1	638.3		238.5	898.67
55	523	656.89		469.5	1179.38		247.2	931.45
60	834.6	1048.26		544.8	1368.54		469.6	1769.45
65	1516.5	1904.72		498.8	1252.99		395.2	1489.11
70	452.1	567.84		215.4	541.08		186.4	702.36
75	641.8	806.1		277.7	697.58		159.9	602.50
80	83.5	104.88		58.4	146.70		40.9	154.11

Quadro A4.7: Cálculo da resistividade aparente para a linha transversal 30m

Community:	KNUST		Traverse Line No.	30m
Array	Wenner		Grid Reference:	
Measured by:	Eugene Williams		Date:	18-Jan-16

STATION	K_{30}	1.256		K_{60}	2.512		K_{90}	3.768
	R_{30}	ρ_{30}		R_{60}	ρ_{60}		R_{90}	ρ_{90}
35	347.8	436.84		180.1	452.41		164.4	619.46
40	267.1	335.48		192.4	483.31		176.2	663.92
45	312.9	393.00		267.9	672.97		213.9	805.98
50	676.7	849.94		388.6	976.16		333.8	1257.76
55	632.5	794.42		559.5	1405.46		513	1932.98
60	1501	1885.26		1021.5	2566.01		719.9	2712.58
65	748.1	939.61		601.01	1509.74		451.6	1701.63
70	344.5	432.69		152.6	383.33		117.5	442.74
75	60.5	75.99		67.5	169.56		59.7	224.95
80	53.2	66.82		33.4	83.90		23.3	87.79

Tabela A4.8: Cálculo do teor de humidade pelo método gravimétrico para a linha transversal 0m.

Community:	KNUST			Traverse Line No.	0m				
Measured by:	George Lord Ephraim			Date:	7-Jan-16				
Sample No	Depth(m)	Container No	Container Mass (g)	Container and Wet Sample (g)	Container and Dry Sample (g)	Mass of wet sample(g)	Mass of Dry Samples(g)	Mass of Water(g)	Moisture content (%)
A35	0.3	SSB	25.68	123.16	120.09	97.48	94.41	3.07	3.25
A35	0.6	ED	25.72	164.74	158.68	139.02	132.96	6.06	4.56
A35	0.9	N/A	N/A	N/A	N/A	N/A	N/A	N/A	N/A
A45	0.3	R1	25.29	182.88	175.48	157.59	150.19	7.4	4.93
A45	0.6	SD	25.36	172.64	166.09	147.28	140.73	6.55	4.65
A45	0.9	FA	25.35	213.56	205.96	188.21	180.61	7.6	4.21
A55	0.3	F2	25.27	204.01	195.88	178.74	170.61	8.13	4.77
A55	0.6	P2	25.2	180.82	171.05	155.62	145.85	9.77	6.70
A55	0.9	GE	25.23	215.14	205.75	189.91	180.52	9.39	5.20
A65	0.3	1Z	25.67	171.37	160.81	145.7	135.14	10.56	7.81
A65	0.6	B17	25.91	237.01	219.21	211.1	193.3	17.8	9.21
A65	0.9	M2	25.63	272.83	246.4	247.2	220.77	26.43	11.97
A75	0.3	X1	25.48	195.19	182	169.71	156.52	13.19	8.43
A75	0.6	KW	26.05	275.48	232.01	249.43	205.96	43.47	21.11
A75	0.9	N2	22.71	358.17	281.97	335.46	259.26	76.2	29.39

Tabela A4 9: Cálculo do teor de humidade pelo método gravimétrico para a linha transversal 5m.

Community:	KNUST			Traverse Line No.	5m				
Measured by:	Temiloluwa Faith Awotoye			Date:	8-Jan-16				
Sample No	Depth(m)	Container No	Container Mass (g)	Container and Wet Sample (g)	Container and Dry Sample (g)	Mass of wet sample(g)	Mass of Dry Samples(g)	Mass of Water(g)	Moisture content (%)
B35	0.3	F1	25.8	193.22	184.27	167.42	158.47	8.95	5.35
B35	0.6	QZ	25.39	222.99	210.13	197.6	184.74	12.86	6.51
B35	0.9	P3	25.19	228.32	214.11	203.13	188.92	14.21	7.00
B45	0.3	R2	25.76	178.58	171.49	152.82	145.73	7.09	4.64
B45	0.6	.BC	25.44	214.81	206.23	189.37	180.79	8.58	4.53
B45	0.9	TX1	25.56	228.43	221.03	202.87	195.47	7.4	3.65
B55	0.3	GET	33.22	205.77	196.66	172.55	163.44	9.11	5.28
B55	0.6	TX2	25.53	204.08	193.2	178.55	167.67	10.88	6.09
B55	0.9	V2	25.28	225.31	212.85	200.03	187.57	12.46	6.23
B65	0.3	2Z	25.6	249.93	226.47	224.33	200.87	23.46	10.46
B65	0.6	M1	25.12	241.39	222.55	216.27	197.43	18.84	8.71
B65	0.9	K20	25.43	245.16	221.74	219.73	196.31	23.42	10.66
B75	0.3	AD	25.53	191	174.71	165.47	149.18	16.29	9.845
B75	0.6	KQ	25.28	240.93	216.24	215.65	190.96	24.69	11.45
B75	0.9	FJ	24.92	269.75	239	244.83	214.08	30.75	12.56

Tabela A4.10: Cálculo do teor de humidade pelo método gravimétrico para a linha transversal 10m.

| Community: | KNUST | | | Traverse Line No. | 10m | | | | |
| Measured by: | George Lord Ephraim | | | Date: | 18-Jan-16 | | | | |
Sample No	Depth(m)	Container No	Container Mass (g)	Container and Wet Sample (g)	Container and Dry Sample (g)	Mass of wet sample(g)	Mass of Dry Samples(g)	Mass of Water(g)	Moisture content (%)
C35	0.3	SSB	25.68	226.09	216.65	200.41	190.97	9.44	4.94
C35	0.6	Q2	25.52	237.8	228.68	212.28	203.16	9.12	4.49
C35	0.9	X1	25.48	212.28	201.82	186.8	176.34	10.46	5.93
C45	0.3	R1	25.26	226.19	216.89	200.93	191.63	9.3	4.85
C45	0.6	M1	25.14	214.83	205.73	189.69	180.59	9.1	5.04
C45	0.9	8Z	25.48	254.62	244.53	229.14	219.05	10.09	4.61
C55	0.3	K20	25.42	215.84	205.21	190.42	179.79	10.63	5.91
C55	0.6	B17	25.93	264.17	248.8	238.24	222.87	15.37	6.90
C55	0.9	MK	25.65	269.96	256.02	244.31	230.37	13.94	6.05
C65	0.3	BC	25.57	244.18	221.25	218.61	195.68	22.93	11.72
C65	0.6	BK2	25.35	277.2	250.83	251.85	225.48	26.37	11.70
C65	0.9	SZ	26.1	302.18	274.64	276.08	248.54	27.54	11.08
C75	0.3	KC	24.48	262.23	238.38	237.75	213.9	23.85	11.15
C75	0.6	B16	25.69	346.55	307.27	320.86	281.58	39.28	13.95
C75	0.9	P2	25.27	320.29	277.79	295.02	252.52	42.5	16.83

Tabela A4.ll: Cálculo do teor de humidade pelo método gravimétrico para a linha transversal 15m.

| Community: | KNUST | | | Traverse Line No. | 15m | | | | |
| Measured by: | Temiloluwa Faith Awotoye | | | Date: | 11-Jan-16 | | | | |
Sample No	Depth(m)	Container No	Container Mass (g)	Container and Wet Sample (g)	Container and Dry Sample (g)	Mass of wet sample(g)	Mass of Dry Samples(g)	Mass of Water(g)	Moisture content (%)
D35	0.3	GF	25.23	196.17	182.83	170.94	157.6	13.34	8.46
D35	0.6	YF	25.35	183.78	172.53	158.43	147.18	11.25	7.6
D35	0.9	A16	25.51	199.75	183.95	174.24	158.44	15.8	9.97
D45	0.3	X7	25.5	178.09	171.23	152.59	145.73	6.86	4.71
D45	0.6	B16	25.69	209.83	201.15	184.14	175.46	8.68	4.95
D45	0.9	TX1	25.6	197.36	189.99	171.76	164.39	7.37	4.48
D55	0.3	R4	22.97	182.49	173.99	159.52	151.02	8.5	5.63
D55	0.6	C9	25.64	200.68	190	175.04	164.36	10.68	6.50
D55	0.9	TX2	25.52	208.32	198.27	182.8	172.75	10.05	5.82
D65	0.3	AAB	25.52	200.15	182.07	174.63	156.55	18.08	11.55
D65	0.6	UB40	25.69	236.19	219.75	210.5	194.06	16.44	8.47
D65	0.9	NM	25.53	256.1	236.44	230.57	210.91	19.66	9.32
D75	0.3	10Z	25.32	198.18	175.5	172.86	150.18	22.68	15.10
D75	0.6	X1	25.49	183.33	159.09	157.84	133.6	24.24	18.14
D75	0.9	AD	25.53	203.19	184.9	177.66	159.37	18.29	11.48

Tabela A4.12: Cálculo do teor de humidade pelo método gravimétrico para a linha transversal 20m.

| Community: | KNUST | | | Traverse Line No. | 20m | | | | |
| Measured by: | George Lord Ephraim | | | Date: | 12-Jan-16 | | | | |
Sample No	Depth(m)	Container No	Container Mass (g)	Container and Wet Sample (g)	Container and Dry Sample (g)	Mass of wet sample(g)	Mass of Dry Samples(g)	Mass of Water(g)	Moisture content (%)
E35	0.3	F2	25.28	209.89	198.66	184.61	173.38	11.23	6.48
E35	0.6	K1B	25.73	222.73	208.99	197	183.26	13.74	7.50
E35	0.9	M1	25.13	194.94	183.32	169.81	158.19	11.62	7.35
E45	0.3	AB15	25.61	231.17	226.97	205.56	201.36	4.2	2.09
E45	0.6	LBC	25.44	223.11	218.54	197.67	193.1	4.57	2.37
E45	0.9	FA	25.33	237.26	231.88	211.93	206.55	5.38	2.60
E55	0.3	KM	25.4	202.43	197.17	177.03	171.77	5.26	3.06
E55	0.6	F1	25.81	198.07	191.7	172.26	165.89	6.37	3.84
E55	0.9	Q3	25.47	180.25	173.36	154.78	147.89	6.89	4.66
E65	0.3	Q2	25.03	233.66	226.4	208.63	201.37	7.26	3.60
E65	0.6	Q22	25.19	233.34	222.7	208.15	197.51	10.64	5.39
E65	0.9	1Z	25.68	187.21	176.65	161.53	150.97	10.56	6.99
E75	0.3	AK	25.88	215.24	194.98	189.36	169.1	20.26	11.98
E75	0.6	Q1	25.86	307.15	258.39	281.29	232.53	48.76	20.97
E75	0.9	J4	25.14	309.83	265.41	284.69	240.27	44.42	18.49

Tabela A4.13: Cálculo do teor de humidade pelo método gravimétrico para a linha transversal 25m.

| Community: | KNUST | | | Traverse Line No. | 25m | | | | |
| Measured by: | George Lord Ephraim | | | Date: | 14-Jan-16 | | | | |
Sample No	Depth(m)	Container No	Container Mass (g)	Container and Wet Sample (g)	Container and Dry Sample (g)	Mass of wet sample(g)	Mass of Dry Samples(g)	Mass of Water(g)	Moisture content (%)
F35	0.3	TX1	25.9	230.59	224.73	204.69	198.83	5.86	2.95
F35	0.6	AAB	25.52	221.06	216.36	195.54	190.84	4.7	2.46
F35	0.9	Q1	25.66	225.42	220.81	199.76	195.15	4.61	2.36
F45	0.3	KW	26	220.84	216.01	194.84	190.01	4.83	2.54
F45	0.6	LBC	25.43	212.37	207.4	186.94	181.97	4.97	2.73
F45	0.9	KM	25.37	192.68	187.34	167.31	161.97	5.34	3.30
F55	0.3	R4	22.97	229.86	223.99	206.89	201.02	5.87	2.92
F55	0.6	EN	34.16	257.96	251.97	223.8	217.81	5.99	2.75
F55	0.9	UB40	25.69	181.41	177.04	155.72	151.35	4.37	2.89
F65	0.3	7Z	25.2	186.15	178.53	160.95	153.33	7.62	4.97
F65	0.6	B16	25.68	212.26	200.41	186.58	174.73	11.85	6.78
F65	0.9	C9	25.64	200.09	189.24	174.45	163.6	10.85	6.63
F75	0.3	1Z	25.67	193.06	169.56	167.39	143.89	23.5	16.33
F75	0.6	YF	25.35	221.28	204.97	195.93	179.62	16.31	9.08
F75	0.9	Q2	25.04	257.37	234.93	232.33	209.89	22.44	10.69

Tabela A4.14: Cálculo do teor de humidade pelo método gravimétrico para a linha transversal 30m.

Community:	KNUST			Traverse Line No.	30m				
Measured by:	Temiloluwa Faith Awotoye			Date:	18-Jan-16				
Sample No	Depth(m)	Container No	Container Mass (g)	Container and Wet Sample (g)	Container and Dry Sample (g)	Mass of wet sample(g)	Mass of Dry Samples(g)	Mass of Water(g)	Moisture content (%)
G35	0.3	KW	26.01	223.26	217.12	197.25	191.11	6.14	3.21
G35	0.6	F1	25.8	246.94	239.17	221.14	213.37	7.77	3.64
G35	0.9	AT	25.28	248.41	240.55	223.13	215.27	7.86	3.65
G45	0.3	KQ	25.29	225.19	219.02	199.9	193.73	6.17	3.18
G45	0.6	10Z	25.34	218.69	214.1	193.35	188.76	4.59	2.43
G45	0.9	AAB	25.56	222.91	216.96	197.35	191.4	5.95	3.11
G55	0.3	A16	25.5	217.15	214.2	191.65	188.7	2.95	1.56
G55	0.6	K1B	25.71	259.24	254.77	233.53	229.06	4.47	1.95
G55	0.9	AK	25.99	241.88	237.98	215.89	211.99	3.9	1.83
G65	0.3	J4	25.77	211.38	201.79	185.61	176.02	9.59	5.45
G65	0.6	M2	25.81	209.18	199.96	183.37	174.15	9.22	5.29
G65	0.9	A	24.7	250.73	237.31	226.03	212.61	13.42	6.31
G75	0.3	ED	25.73	277.38	255.66	251.65	229.93	21.72	9.45
G75	0.6	R4	22.96	376.25	335.6	353.29	312.64	40.65	13.00
G75	0.9	KG	25.43	334.81	289.88	309.38	264.45	44.93	16.99

Tabela A4.14: Cálculo do teor de humidade pelo método gravimétrico para a linha transversal 30m.

Traverse Line No.: 0 m			Traverse Line No.: 5 m			Traverse Line No.: 10 m		
Date: Jan 07, 2016			Date: Jan 08, 2016			Date: Jan 18, 2016		
Sample No.	Depth (m)	PMC (%)	Sample No.	Depth (m)	PMC (%)	Sample No.	Depth (m)	PMC (%)
A35	0.3	0.8	B35	0.3	1.8	C35	0.3	1.8
A35	0.6	4.4	B35	0.6	5.4	C35	0.6	1
A35	0.9	N/A	B35	0.9	6.1	C35	0.9	2.3
A45	0.3	3.5	B45	0.3	1.72	C45	0.3	2.9
A45	0.6	3.5	B45	0.6	1.7	C45	0.6	1.9
A45	0.9	2.9	B45	0.9	1.7	C45	0.9	1.6
A55	0.3	2	B55	0.3	2.3	C55	0.3	2.3
A55	0.6	4.5	B55	0.6	2.9	C55	0.6	2.5
A55	0.9	6.7	B55	0.9	2.9	C55	0.9	2.9
A65	0.3	2.8	B65	0.3	8.6	C65	0.3	5.4
A65	0.6	8	B65	0.6	7.3	C65	0.6	6.7
A65	0.9	15.5	B65	0.9	12.4	C65	0.9	8
A75	0.3	11.7	B75	0.3	8.6	C75	0.3	6.1
A75	0.6	11.1	B75	0.6	10.5	C75	0.6	11.7
A75	0.9	15.5	B75	0.9	13	C75	0.9	15.4

Tabela A4.15 (continuação): Dados sobre o teor de humidade medidos com o medidor de humidade T-90 no KNUST

Traverse Line No.: 15 m			Traverse Line No.: 25 m			Traverse Line No.: 30 m		
Date: Jan 11, 2016			Date: Jan 14, 2016			Date: Jan 14, 2016		
Sample No.	Depth (m)	PMC (%)	Sample No.	Depth (m)	PMC (%)	Sample No.	Depth (m)	PMC (%)
D35	0.3	3.5	F35	0.3	0	F35	0.3	1
D35	0.6	5.5	F35	0.6	0	F35	0.6	1.1
D35	0.9	8	F35	0.9	0	F35	0.9	1.7
D45	0.3	1	F45	0.3	0.8	F45	0.3	0.7
D45	0.6	1.9	F45	0.6	1.3	F45	0.6	0.8
D45	0.9	2	F45	0.9	1.7	F45	0.9	1.3
D55	0.3	0.7	F55	0.3	1.3	F55	0.3	0.7
D55	0.6	1.3	F55	0.6	1.7	F55	0.6	1
D55	0.9	1.8	F55	0.9	2.3	F55	0.9	1.2
D65	0.3	1.7	F65	0.3	2.9	F65	0.3	2.5
D65	0.6	2.9	F65	0.6	4.2	F65	0.6	2.9
D65	0.9	6.1	F65	0.9	6.1	F65	0.9	3.7
D75	0.3	9.6	F75	0.3	3.2	F75	0.3	4.7
D75	0.6	13	F75	0.6	5.8	F75	0.6	10.5
D75	0.9	9.6	F75	0.9	9.2	F75	0.9	13

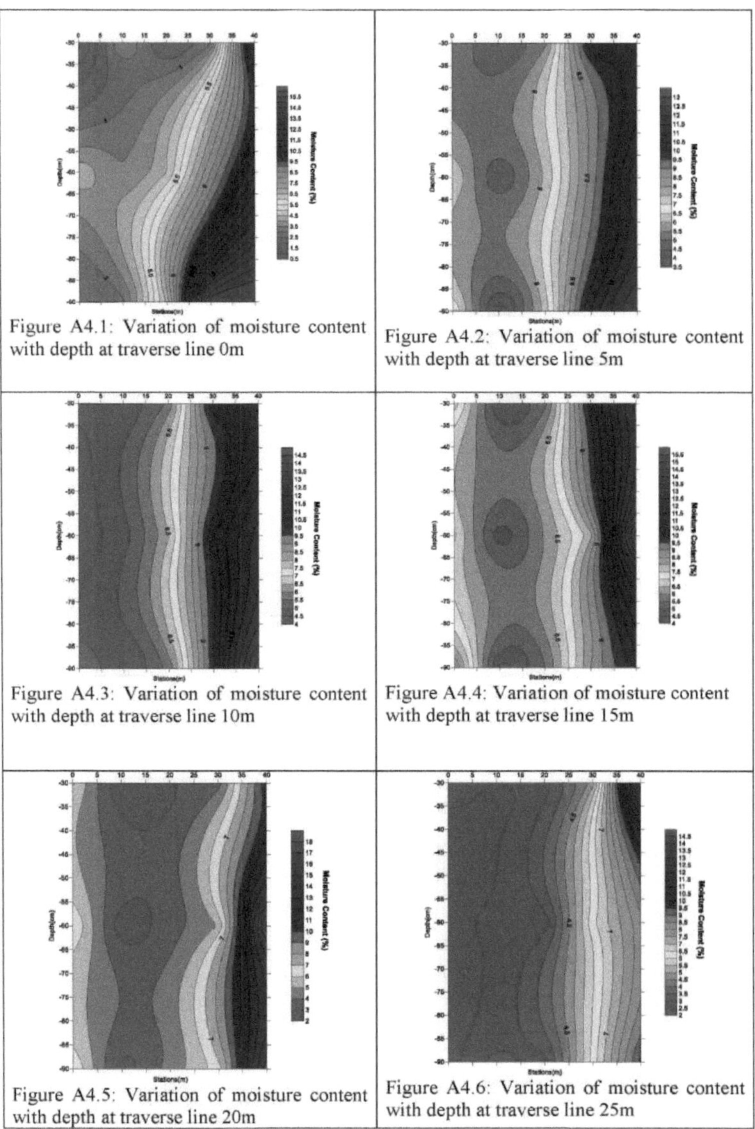

Figure A4.1: Variation of moisture content with depth at traverse line 0m

Figure A4.2: Variation of moisture content with depth at traverse line 5m

Figure A4.3: Variation of moisture content with depth at traverse line 10m

Figure A4.4: Variation of moisture content with depth at traverse line 15m

Figure A4.5: Variation of moisture content with depth at traverse line 20m

Figure A4.6: Variation of moisture content with depth at traverse line 25m

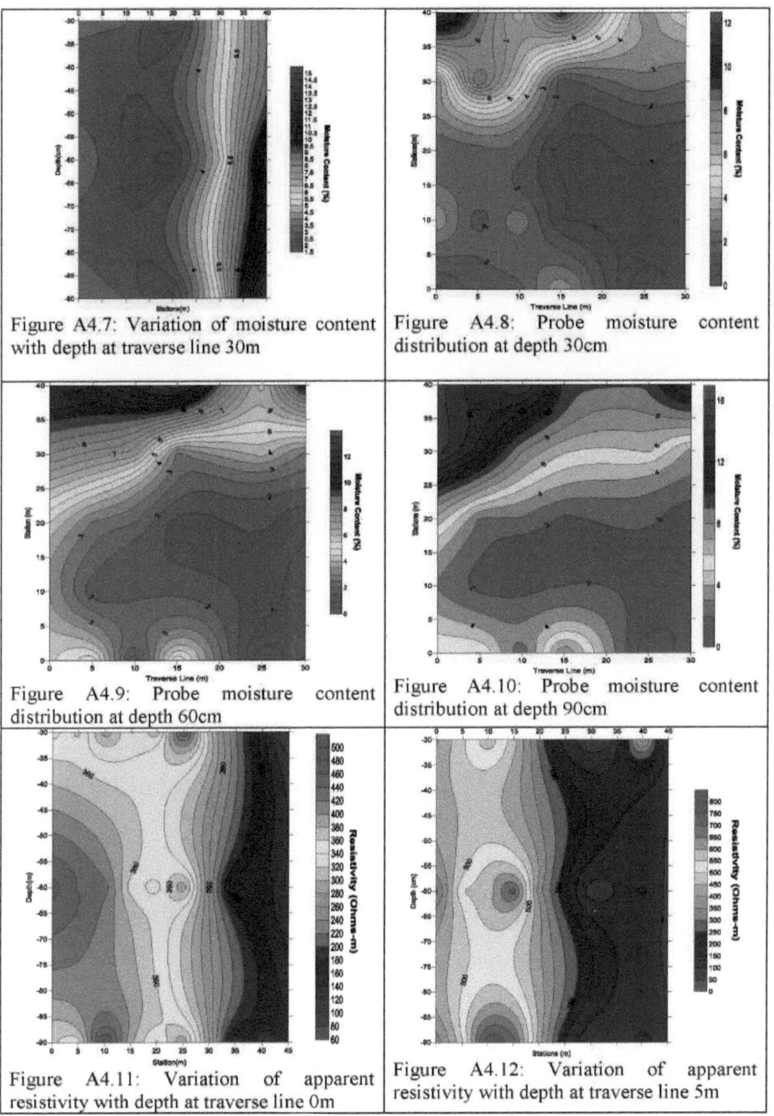

Figure A4.7: Variation of moisture content with depth at traverse line 30m

Figure A4.8: Probe moisture content distribution at depth 30cm

Figure A4.9: Probe moisture content distribution at depth 60cm

Figure A4.10: Probe moisture content distribution at depth 90cm

Figure A4.11: Variation of apparent resistivity with depth at traverse line 0m

Figure A4.12: Variation of apparent resistivity with depth at traverse line 5m

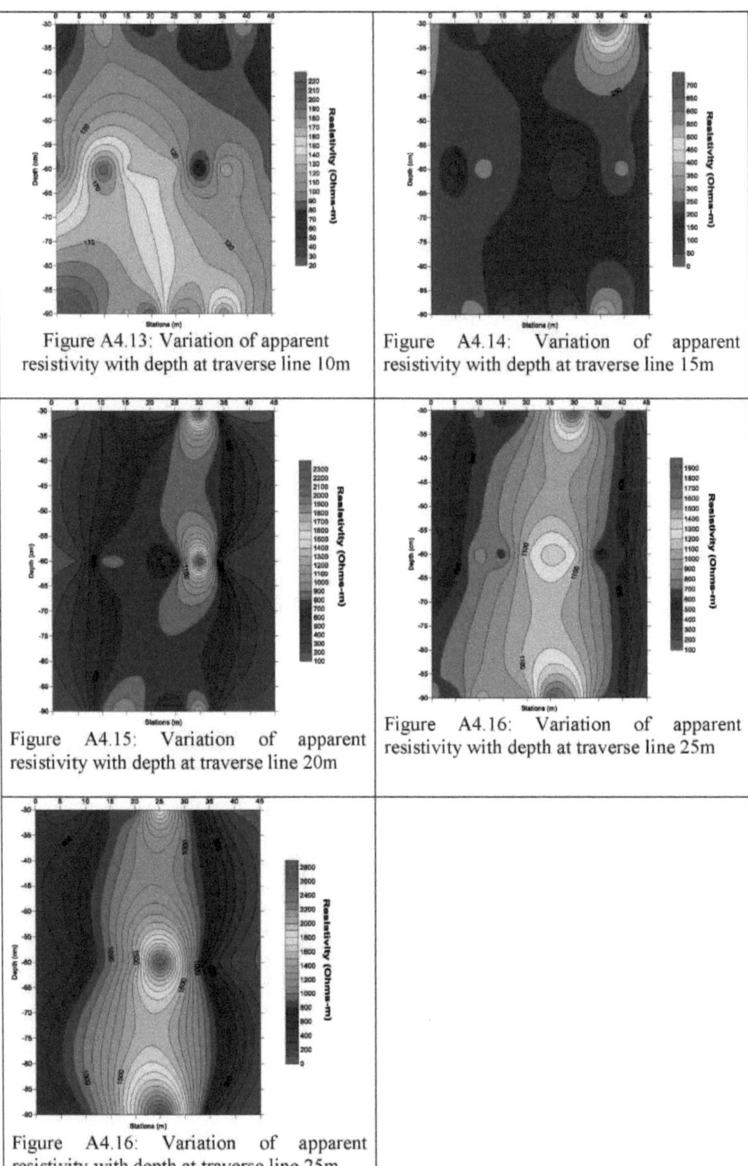

Figure A4.13: Variation of apparent resistivity with depth at traverse line 10m

Figure A4.14: Variation of apparent resistivity with depth at traverse line 15m

Figure A4.15: Variation of apparent resistivity with depth at traverse line 20m

Figure A4.16: Variation of apparent resistivity with depth at traverse line 25m

Figure A4.16: Variation of apparent resistivity with depth at traverse line 25m

Printed by Books on Demand GmbH, Norderstedt / Germany